U0141255

不需蛋 & 乳製品

美味 磅蛋糕、派塔、鹹派

作者 / 今井洋子

  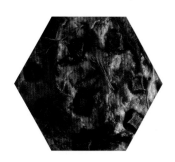

瑞昇文化

本書介紹的都是不需要使用雞蛋、乳製品的
磅蛋糕、法式鹹蛋糕、派塔和法式鹹派的食譜。

一般而言，製作磅蛋糕、派塔和法式鹹派時，
雞蛋和乳製品是不可或缺的食材。
也許有人會感到疑惑「不使用這些食材，做得出美味甜點嗎？」

但是，請大家放心，設計出這些食譜的人是今井洋子女士。
她所主導的烹飪教室「roof」廣受好評，
專門研究如何製作不添加雞蛋和乳製品的甜點和料理，
而且洋子女士本身也撰寫了多本料理和甜點書籍。

今井女士成立烹飪教室的初期，

據說有不少人向她請教能夠因應過敏體質，

且對身體較無負擔的料理食譜。

正因為這些食譜不添加雞蛋和乳製品，

省去了打發技術、溫度控管、精準量測等要求，

因此更能輕鬆又簡單地製作美味甜點。

在萬物齊漲的年代中，

也因為這種製作方式對荷包相對友善，吸引更多人爭相嘗試。

即便是初次挑戰製作磅蛋糕、派塔、法式鹹派的人，

也都能輕鬆使用這些絕對不會失敗的簡單食譜。

請大家務必嘗試讓這些餐點出現在日常餐桌上，或者用於款待客人。

Contents

Chapter1 磅蛋糕

Pound Cake

Chapter2 法式鹹蛋糕

Cake Salé

本書使用規則
- 1 ㎖ ＝ 1 cc
- 1 大匙＝15㎖，1小匙＝5㎖
- 1 杯＝200㎖
- 使用烤箱時，無論電烤箱或瓦斯烤箱都可以按照本書的食譜操作。但烤箱的火力大小因品牌而有所不同，請視情況微調溫度上下5℃左右，微調時間增減5分鐘左右。

Chapter3 派塔

Tart

Chapter4 法式鹹派

Quiche

本書使用的基本器具

磅蛋糕烤模
本書僅僅使用長15×寬6 cm的磅蛋糕烤模。食譜記載的分量皆為2個烤模的分量。

塔模
只要備有直徑18 cm的塔模，就能製作書中所有派塔和法式鹹派。

打蛋器
混合粉類與液體。備有小尺寸的打蛋器有助於混合液體。

橡皮刮刀
用於攪拌粉類或麵團。由於泥糊狀食材容易沾附在刮刀上，建議多準備一把小尺寸的橡皮刮刀。

調理碗
至少準備2個以上的調理碗，用於混合粉類、液體。由於混合好的粉類會再添加液體一起攪拌，建議準備大尺寸的調理碗。

手持攪拌器
製作豆腐奶油時，用於攪拌食材的器具。當然也可以使用固定式的攪拌機或食物調理機。光靠打蛋器，難以攪拌至滑順。

麵粉篩
用於過篩低筋麵粉。粉類需要事先過篩，否則麵團一旦結塊，烤焙時容易出現受熱不均勻的情況。

電子秤
擺上調理碗後再設定為0 g，接著只要按照食譜倒入所需食材的分量，不僅比傳統磅秤省時省力，還可以減少需要清洗的容器。是種能讓你輕鬆享受做甜點樂趣的器具。

量匙
用來量取調味料或果乾等食材。事先務必要準備大匙和小匙各一。

量杯
用來量取液體或豆類。如果要處理液體，還可以使用小尺寸打蛋器直接在量杯中攪拌。

烘焙紙
鋪在磅蛋糕烤模中，本書使用的是無漂白烘焙紙。

烤網
烘烤磅蛋糕時，使用熱傳導效率佳的烤網，不使用烤盤。

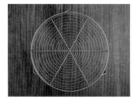

蛋糕冷卻網架
磅蛋糕出爐後，放在蛋糕冷卻網架上靜置放涼。剛出爐立即自烤模中取出蛋糕的話，蛋糕容易坍塌變形，這一點務必特別留意。

本書使用的基本食材

低筋麵粉

使用日本國產小麥麵粉。「地粉」指的是日本國產小麥麵粉。單純標示「地粉」，通常指的是中筋麵粉，請務必選擇清楚標示「低筋麵粉」的產品。有機食品店或烘焙材料行可買到。

全麥低筋麵粉

使用日本國產全麥低筋麵粉。全麥低筋麵粉是指含有麩皮等未精製的小麥麵粉，也稱為玄米的小麥麵粉版。僅使用全麥麵粉做蛋糕，口感會比較硬，所以本書的所有磅蛋糕幾乎都使用日本國產低筋麵粉搭配全麥低筋麵粉。有機食品店或烘焙材料行都可買到。

植物油

製作磅蛋糕和塔皮時，建議使用植物油。本書食譜使用葡萄籽油、玄米油、太白胡麻油。這些油既清澈又沒有特殊味道。當然也可以依個人喜好自行選擇食用油。上述油品都能使成品口感輕盈不油膩。

橄欖油

使用有機 JAS 認證的特級初榨橄欖油。具有濃郁風味和鮮味，適合用於製作法式鹹蛋糕。大型超市等可買到。

無調整豆乳

使用無添加的無調整豆乳。最理想的是含大豆固形物9%以上的產品。包裝上標示「能製作豆腐」等字樣時，通常味道會過於強烈，不適合用來製作甜點。大型超市等可買到。

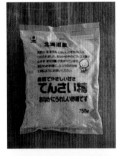

甜菜糖

使用甜菜製作而成的甜味劑，含有具整腸效果的寡糖。另外，由於讓血糖上升的速度比較慢，對身體比較不會造成負擔。建議使用粉末型甜菜糖。大型超市等可買到。

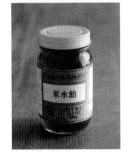

米飴

將麥芽拌入米中進行糖化作用，一種以傳統工法製作的珍貴天然甜味劑。因吸收速度緩慢，對身體的負擔較小。有機食品店或烘焙材料行可買到，如果無法取得，可改以蜂蜜取代，但風味可能略有不同。
販售商　MITOKU 股份有限公司
https://www.mitoku.co.jp/

楓糖漿

楓糖是從糖楓樹液中提煉而成的天然甜味劑。因獨特的香氣和濃郁而深受世人喜愛。讓血糖上升的速度較慢且含有礦物質，是相對健康的甜味劑。請使用不添加砂糖的純楓糖漿。大型超市等可買到。

泡打粉

本書使用不含鋁的「朗佛德無鋁泡打粉（RUMFORD Baking Powder）」。請選擇包裝上寫有「Aluminum-Fee（不含鋁）」字樣的泡打粉。即便成分中沒有標示鋁，只要包裝上未標明「Aluminum-Fee」，肯定含有鋁的成分。有機食品店或烘焙材料行可買到。

堅果類

請盡量選擇有機栽培的堅果類或水果乾。注意是否添加抗氧化劑。使用一般葡萄乾時，由於表面覆蓋一層油，請記得先用溫水稍微沖洗一下。

Chapter1

磅蛋糕

「磅蛋糕」原本是使用等量的奶油、雞蛋、砂糖、小麥麵粉烘焙而成的濃郁奶油蛋糕，但本書將為大家介紹完全不使用雞蛋和乳製品的食譜。

以植物油或芝麻油取代奶油。

1個磅蛋糕烤模分量約使用2大匙。

所以每片蛋糕的含油量非常少。

麵粉為低筋麵粉和全麥低筋麵粉各半混合在一起。

可以根據個人偏好選擇100%低筋麵粉，或者100%全麥低筋麵粉，

甚至自行調整比例也沒關係。

但磅蛋糕的蓬鬆度和口感會隨之產生變化。低筋麵粉用量越多，口感較為輕盈；

全麥低筋麵粉用量越多，口感較為紮實。

本章節所介紹的磅蛋糕，基本上只需要攪拌均勻後烘烤就可以了，

沒有困難複雜的訣竅，唯一需要多留意的是

將粉類和液體攪拌在一起的過程中，手都不要暫停。

除此之外，不要用揉捏方式攪拌，要使用橡皮刮刀以類似切割的方式攪拌。

一口氣將麵團攪拌好，然後立刻填入烤模中並放入烤箱烘烤，過程中一旦有所停頓，

蛋糕的膨脹效果容易變差。

基本上，只要攪拌至沒有粉末狀，即可填入烤模中進行烘烤。

\ 保存方式 /

夏季以保鮮膜包好後，置於冷藏室可以保存5天。
春秋冬季置於陰涼處可以保存3天。食用時切成適
當大小，再放入預熱至180℃的烤箱中加熱2～3分
鐘即可食用。

藍莓檸檬
磅蛋糕

材料　15 × 6 ㎝磅蛋糕烤模2個分量

A 低筋麵粉 ── 100g
　 全麥低筋麵粉 ── 100g
　 杏仁粉 ── 60g
　 泡打粉 ── 2小匙
　 鹽 ── 1小撮

B 楓糖漿 ── 6大匙
　 植物油 ── 4大匙
　 無調整豆乳 ── 100㎖
　 檸檬汁 ── 2大匙

檸檬皮切絲（或刨屑）── 1顆分量
藍莓（冷凍或新鮮）── 80g

〔奶酥〕
C 低筋麵粉 ── 20g
　 全麥低筋麵粉 ── 20g
　 杏仁粉 ── 20g
　 甜菜糖 ── 20g
植物油 ── 2大匙

有機冷凍藍莓
使用冷凍或新鮮藍莓都可以。這裡使用的是有機冷凍藍莓。

事前準備

‧烤箱預熱至180℃。
‧烤模裡鋪好烘焙紙（P.44）。
‧低筋麵粉和全麥低筋麵粉過篩備用。

製作方法

▶ 製作奶酥

1 C食材倒入調理碗中，用手充分攪拌均勻。

2 以繞圈方式將植物油倒入**1**中。

3 用指尖搓揉攪拌粉類和植物油。

▶ 製作麵團

4 整體呈肉鬆狀即可。粉末感過於強烈時，再添加一些植物油（分量外）。

5 A食材倒入調理碗中，用打蛋器充分攪拌均勻。

6 取另外一只調理碗並倒入**B**食材，用打蛋器攪拌至乳化。

同時享受入口即化的鬆脆奶酥和新鮮藍莓口感的磅蛋糕。麵團裡添加大量檸檬皮和檸檬汁，風味更加清爽！

7

將 **6** 倒入 **5** 的調理碗中，用橡皮刮刀以切割方式攪拌均勻。

8

留有些許粉末的狀態下，倒入一半分量的藍莓和全量切絲檸檬皮，充分混合在一起。

混合食材時，以由下往上翻起的方式翻攪。注意不要有類似揉捏麵團的動作。

9

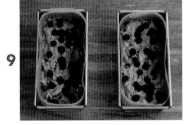

將 **8** 填入烤模中，在表面撒上剩下的藍莓。

10

將 **4** 的奶酥鋪滿 **9** 的表面，然後放入預熱至180℃的烤箱中烘烤30～40分鐘。

\ Memo /

- 添加杏仁粉能使麵團變得濕潤且風味更加濃郁。
- 盡可能使用日本國產無農藥種植的檸檬。

以竹籤插入麵團中，沒有沾黏即可出爐。如果尚未熟透，則視情況再烘烤數分鐘。出爐後，連同烘焙紙一起自烤模中取出，放在蛋糕冷卻網架上靜置放涼。

香蕉花生醬
磅蛋糕

材料　15 × 6 cm磅蛋糕烤模2個分量

A | 低筋麵粉 ── 100g
全麥低筋麵粉 ── 100g
杏仁粉 ── 60g
燕麥片 ── 30g
泡打粉 ── 2小匙
鹽 ── 1小撮

B | 楓糖漿 ── 6大匙
植物油 ── 4大匙
無調整豆乳 ── 100㎖

C | 花生醬（無糖）── 5大匙
米飴 ── 2大匙
※ 可使用蜂蜜代替。
楓糖漿 ── 1大匙
無調整豆乳 ── 2大匙

香蕉 ── 150g（斜切成3㎜厚）
燕麥片（裝飾用）── 適量

事前準備

· 烤箱預熱至180℃。
· 烤模裡鋪好烘焙紙（P.44）。
· 低筋麵粉和全麥低筋麵粉過篩備用。

製作方法

1 將A食材倒入調理碗中，用打蛋器充分攪拌均勻。

2 取另外一只調理碗並倒入B食材，用打蛋器攪拌至乳化。

3 將C食材攪拌均勻備用。

4 將2倒入1的調理碗中，用橡皮刮刀以切割方式攪拌均勻。接著放入全量香蕉和1/3分量的3，稍微攪拌一下（a）。

5 將4填入烤模中，然後將剩餘的3鋪在整個表面（b），最後撒上裝飾用的燕麥片（c）。

6 將5放入預熱至180℃的烤箱中烘烤30～40分鐘。

以竹籤插入麵團中，沒有沾黏即可出爐。如果尚未熟透，則視情況再烘烤數分鐘。出爐後，連同烘焙紙一起自烤模中取出，放在蛋糕冷卻網架上靜置放涼。

a

b

c

\ Memo /

若家裡沒有燕麥片，也可以省略不添加。

香蕉和花生醬的組合絕對是美味的代名詞！堪稱最佳拍檔。

透過添加燕麥片，提升風味與豐富口感。

鳳梨薄荷
磅蛋糕

材料　15 × 6 cm磅蛋糕烤模2個分量

A | 低筋麵粉 —— 100g
全麥低筋麵粉 —— 100g
杏仁粉 —— 60g
泡打粉 —— 2小匙
鹽 —— 1小撮
B | 楓糖漿 —— 6大匙
植物油 —— 4大匙
無調整豆乳 —— 100 mℓ
薄荷（新鮮）—— 20g（切粗碎）
鳳梨（新鮮）—— 200g（切成1.5 cm塊狀）

事前準備

· 烤箱預熱至180℃。
· 烤模裡鋪好烘焙紙（P.44）。
· 切好的鳳梨排列於廚房紙巾上瀝水。
· 低筋麵粉和全麥低筋麵粉過篩備用。

製作方法

1 A食材倒入調理碗中，用打蛋器充分攪拌均勻。

2 取另外一只調理碗並倒入B食材，用打蛋器攪拌至乳化。

3 將**2**倒入**1**的調理碗中，用橡皮刮刀以切割方式攪拌均勻。接著放入薄荷和鳳梨，稍微攪拌一下（事先取少量鳳梨作為裝飾用）。

4 將**3**填入烤模中，然後鋪上裝飾用的鳳梨。

5 將**4**放入預熱至180℃的烤箱中烘烤30～40分鐘。

以竹籤插入麵團中，沒有沾黏即可出爐。如果尚未熟透，則視情況再烘烤數分鐘。出爐後，連同烘焙紙一起自烤模中取出，放在蛋糕冷卻網架上靜置放涼。

\ Memo /

若直接添加整片薄荷，味道無法與麵團融合在一起，所以務必事先切碎薄荷。

鳳梨的酸甜味搭配薄荷的清爽，
充滿濃濃夏季風味。
添加大量杏仁粉，
製作口感濕潤的麵團。

芒果椰子磅蛋糕

材料 15 × 6cm磅蛋糕烤模2個分量

A | 低筋麵粉 —— 100g
全麥低筋麵粉 —— 100g
杏仁粉 —— 60g
泡打粉 —— 2小匙
鹽 —— 1小撮

B | 楓糖漿 —— 6大匙
植物油 —— 4大匙
無調整豆乳 —— 80㎖
椰奶 —— 50㎖

C | 椰子細粉 —— 40g
米飴 —— 1大匙
※可使用楓糖漿代替。

芒果（新鮮）—— 2顆（淨重250g。 切成1.5cm塊狀）
椰子粉 —— 40g

\ Memo /

剩餘的椰奶可以冷凍
保存1個月左右。

事前準備

· 烤箱預熱至180℃。
· 烤模裡鋪好烘焙紙（P.44）。
· 切好的芒果排列於廚房紙巾上瀝水。
· 低筋麵粉和全麥低筋麵粉過篩備用。

製作方法

1 **A**食材倒入調理碗中，用打蛋器充分攪拌均勻。

2 取另外一只調理碗並倒入**B**食材，用打蛋器攪拌至乳化。

3 將**C**食材攪拌均勻備用。

4 將**2**倒入**1**的調理碗中，用橡皮刮刀以切割方式攪拌均勻。接著放入芒果和椰子粉，稍微攪拌一下。

5 將**4**填入烤模中，然後將**3**鋪滿整個表面。

6 將**5**放入預熱至180℃的烤箱中烘烤30～40分鐘。

以竹籤插入麵團中，沒有沾黏即可出爐。如果尚未熟透，則視情況再烘烤數分鐘。出爐後，連同烘焙紙一起自烤模中取出，放在蛋糕冷卻網架上靜置放涼。

多汁芒果搭配大量椰子粉和椰奶，
充滿濃濃熱帶風情的美味。
一款最適合夏季食用的奢華蛋糕。

草莓角豆磅蛋糕

材料 15 × 6cm磅蛋糕烤模2個分量

A｜低筋麵粉 ── 120g
　｜全麥低筋麵粉 ── 120g
　｜杏仁粉 ── 50g
　｜甜菜糖 ── 20g
　｜泡打粉 ── 2小匙
　｜鹽 ── 1小撮

B｜楓糖漿 ── 80㎖
　｜植物油 ── 80㎖
　｜無調整豆乳 ── 80㎖

草莓 ── 200g（縱切成4等分）

角豆粒 ── 60g

※可使用巧克力豆代替。

草莓（裝飾用）── 5～6顆（縱向對半切開）

〔奶酥〕

　｜低筋麵粉 ── 20g
　｜全麥低筋麵粉 ── 20g
　｜杏仁粉 ── 20g
　｜甜菜糖 ── 20g
　｜植物油 ── 2大匙

角豆粒

在長角豆粉中添加油脂烘烤而成。基於健康飲食考量，通常會以角豆粒取代巧克力。相較於可可，角豆所含的脂質較少，而且富含鈣質和膳食纖維。

事前準備

· 烤箱預熱至180℃。
· 烤模裡鋪好烘焙紙（P.44）。
· 低筋麵粉和全麥低筋麵粉過篩備用。

製作方法

1　製作奶酥。將奶酥食材放入調理碗中，用指尖搓揉攪拌成肉鬆狀（請參照P10的**1～4**步驟）。

2　**A**食材倒入調理碗中，用打蛋器充分攪拌均勻。

3　取另外一只調理碗並倒入**B**食材，用打蛋器攪拌至乳化。

4　將**3**倒入**2**的調理碗中，用橡皮刮刀以切割方式攪拌均勻。接著放入草莓和角豆粒，稍微攪拌一下。

5　將**4**填入烤模中，然後鋪上裝飾用的草莓，最後將**1**的奶酥鋪在整個表面。

6　將**5**放入預熱至180℃的烤箱中烘烤30～40分鐘左右。

以竹籤插入麵團中，沒有沾黏即可出爐。如果尚未熟透，則視情況再烘烤數分鐘。出爐後，連同烘焙紙一起自烤模中取出，放在蛋糕冷卻網架上靜置放涼。

蛋糕裡有多到
令人驚艷的草莓。
巧克力風味的角豆粒和草莓
是絕佳組合。

19

葡萄紅茶磅蛋糕

材料　15 × 6㎝磅蛋糕烤模2個分量

A 低筋麵粉 —— 100g
　　全麥低筋麵粉 —— 100g
　　杏仁粉 —— 60g
　　泡打粉 —— 2小匙
　　紅茶茶葉（格雷伯爵茶）—— 2大匙（用研磨缽搗細碎）
　　鹽 —— 1小撮
B 楓糖漿 —— 6大匙
　　植物油 —— 4大匙
　　無調整豆乳 —— 100㎖
葡萄（紅地球葡萄和麝香葡萄）—— 共計200g（對半切開並去籽備用）
葡萄（紅地球葡萄和麝香葡萄‧裝飾用）—— 共計6～7顆（對半切開並去籽備用）
紅茶茶葉（格雷伯爵茶‧裝飾用）—— 適量

事前準備

‧烤箱預熱至180℃。
‧烤模裡鋪好烘焙紙（P.44）。
‧低筋麵粉和全麥低筋麵粉過篩備用。

製作方法

1 **A**食材倒入調理碗中，用打蛋器充分攪拌均勻。

2 取另外一只調理碗並倒入**B**食材，用打蛋器攪拌至乳化。

3 將**2**倒入**1**的調理碗中，用橡皮刮刀以切割方式攪拌均勻。接著放入葡萄，稍微攪拌一下。

4 將**3**填入烤模中，然後鋪上裝飾用的葡萄，最後撒上茶葉作為點綴。

5 放入預熱至180℃的烤箱中烘焙40分鐘左右。

以竹籤插入麵團中，沒有沾黏即可出爐。如果尚未熟透，則視情況再烘烤數分鐘。出爐後，連同烘焙紙一起自烤模中取出，放在蛋糕冷卻網架上靜置放涼。

\ Memo /

‧使用2種葡萄增添色彩，但只用1種當然也可以。

‧使用多於食譜分量的葡萄易導致麵團難以膨脹，這一點請務必特別注意。

‧為了讓整個麵團充滿茶葉香氣和風味，添加至麵團裡的紅茶茶葉務必用研磨缽搗細碎。

使用2種不同品種的葡萄，
同時享受夏末和初秋的當季風味，
是一款味道和外觀都極為豐富華麗的蛋糕。
格雷伯爵茶和葡萄的搭配非常對味。

蘋果香料磅蛋糕

材料　15×6㎝磅蛋糕烤模2個分量

A 全麥低筋麵粉 ── 180g
　可可粉 ── 40g
　杏仁粉 ── 80g
　泡打粉 ── 2小匙
　甜菜糖 ── 15g
　肉桂粉 ── 2小匙
　肉豆蔻粉 ── 1/2小匙
　薑粉 ── 1/2小匙
　丁香粉 ── 1/4小匙
　鹽 ── 1小撮
B 無調整豆乳 ── 120㎖
　植物油 ── 4大匙
蘋果 ── 1又1/2顆（切成1㎝厚的扇形）
葡萄乾 ── 50g

事前準備

· 烤箱預熱至180℃。
· 烤模裡鋪好烘焙紙（P.44）。
· 低筋麵粉和全麥低筋麵粉過篩備用。

製作方法

1 A食材倒入調理碗中，用打蛋器充分攪拌均勻。

2 取另外一只調理碗並放入B食材，用打蛋器攪拌至乳化。

3 將2倒入1的調理碗中，用橡皮刮刀以切割方式攪拌均勻。接著放入蘋果和葡萄乾，稍微攪拌一下。

4 將3填入烤模中，然後放入預熱至180℃的烤箱中烘烤40分鐘左右。

以竹籤插入麵團中，沒有沾黏即可出爐。如果尚未熟透，則視情況再烘烤數分鐘。出爐後，連同烘焙紙一起自烤模中取出，放在蛋糕冷卻網架上靜置放涼。

還可以這樣變化！

· 也可以不添加可可粉，製作原味麵團。
· 加熱後搭配冰淇淋一起吃也非常美味。

靈感來自於聖誕季節的蛋糕美味，帶有香料風味的蘋果蛋糕。這也是本書中數一數二的簡單食譜。

番薯生薑磅蛋糕

材料　15 × 6cm磅蛋糕烤模2個分量

A
低筋麵粉 —— 100g
全麥低筋麵粉 —— 100g
杏仁粉 —— 60g
甜菜糖 —— 30g
泡打粉 —— 2小匙
鹽 —— 1小撮

B
楓糖漿 —— 6大匙
植物油 —— 4大匙
無調整豆乳 —— 100㎖

C
無調整豆乳 —— 2大匙
植物油 —— 2大匙
薑汁 —— 2大匙

番薯 —— 200g
紫心番薯 —— 100g
薑末 —— 20g

〔奶酥〕
低筋麵粉 —— 20g
全麥低筋麵粉 —— 20g
杏仁粉 —— 20g
甜菜糖 —— 20g
薑泥 —— 2小匙
植物油 —— 1大匙

事前準備

· 烤箱預熱至180℃。
· 烤模裡鋪好烘焙紙（P.44）。
· 低筋麵粉和全麥低筋麵粉過篩備用。

製作方法

1 將番薯和紫心番薯帶皮蒸熟，或者用鋁箔紙包好，放進預熱至180℃的烤箱烘烤。蒸煮和烘烤時間以竹籤能輕鬆插入為基準。

2 將 **1** 的紫心番薯削皮後切成1cm塊狀，先預留15塊左右作為裝飾用。番薯削皮後立刻放入調理碗中，用叉子搗壓成泥狀，倒入 **C** 食材攪拌均勻（**a**）。

3 製作奶酥。將奶酥食材倒入調理碗中，用指尖搓揉攪拌成肉鬆狀（請參照P10的 **1～4** 步驟）。

4 **A** 食材倒入調理碗中，用打蛋器充分攪拌均勻。

5 取另外一只調理碗並倒入 **B** 食材，用打蛋器攪拌至乳化。

6 將 **5** 倒入 **4** 的調理碗中，用橡皮刮刀以切割方式攪拌均勻。接著放入 **2** 的紫心番薯和薑末，攪拌均勻。

7 將 **6** 的一半分量填入烤模中，然後倒入 **2** 的番薯泥（**b**）。填入剩餘的麵團，接著鋪上裝飾用的紫心番薯（**c**），最後將 **3** 的奶酥鋪在整個表面。

8 將 **7** 放入預熱至180℃的烤箱中烘烤30分鐘。

以竹籤插入麵團中，沒有沾黏即可出爐。如果尚未熟透，則視情況再烘烤數分鐘。出爐後，連同烘焙紙一起自烤模中取出，放在蛋糕冷卻網架上靜置放涼。

a

b

c

\ Memo /

· 為求外觀和味道的豐富性而使用2種番薯，單用一種也非常美味。

這款感覺會进出甜薯餅的蛋糕，
在烹飪教室裡相當受到歡迎。
添加大量薑泥，
充滿辛香味是重要關鍵。

核桃楓糖磅蛋糕

材料　15 × 6 cm磅蛋糕烤模2個分量

A 低筋麵粉 —— 150g
　 全麥低筋麵粉 —— 50g
　 杏仁粉 —— 60g
　 泡打粉 —— 2小匙
　 楓糖粒 —— 30g
　 鹽 —— 1小撮
B 無調整豆乳 —— 180㎖
　 楓糖漿 —— 6大匙
　 植物油 —— 4大匙
C 楓糖粒 —— 100g
　 水 —— 50㎖
　 核桃 —— 100g

〔奶酥〕

D 低筋麵粉 —— 20g
　 全麥低筋麵粉 —— 20g
　 杏仁粉 —— 20g
　 楓糖粒 —— 20g
　 植物油 —— 2大匙

事前準備

· 烤箱預熱至180℃。
· 烤盤上鋪好烘焙紙。
· 烤模裡鋪好烘焙紙（P.44）。
· 低筋麵粉和全麥低筋麵粉過篩備用。

製作方法

1 C食材放入小鍋中，煮到沸騰後繼續熱煮1分鐘左右（a）。

2 趁1尚未冷卻前放入核桃混合在一起（b）。然後立刻取出小鍋裡的核桃並攤開在鋪有烘焙紙的烤盤上（c、d）。將小鍋裡的焦糖倒入其他容器中（e），偶爾攪拌一下使其冷卻。

3 製作奶酥。將奶酥食材倒入調理碗中，用指尖搓揉攪拌成肉鬆狀（請參照P10的1～4步驟）。

4 A食材倒入調理碗中，用打蛋器充分攪拌均勻。

5 取另外一只調理碗並倒入B食材，用打蛋器攪拌至乳化。

6 將5倒入4的調理碗中，用橡皮刮刀以切割方式攪拌均勻。接著放入2的核桃，稍微攪拌一下。

7 將6填入烤模中，然後淋上步驟2中置於其他容器裡的焦糖，最後將3的奶酥鋪在整個表面。

8 將7放入預熱至180℃的烤箱中烘烤30～40分鐘。

以竹籤插入麵團中，沒有沾黏即可出爐。如果尚未熟透，則視情況再烘烤數分鐘。出爐後，連同烘焙紙一起自烤模中取出，放在蛋糕冷卻網架上靜置放涼。

\ Memo /

可以使用甜菜糖取代楓糖粒，但風味會有所改變。

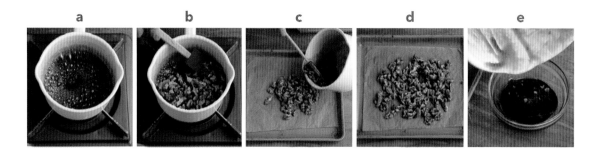

a　　　b　　　c　　　d　　　e

使用大量裹覆楓糖粒焦糖的核桃，
讓蛋糕整體洋溢濃郁且香甜的氣息。
楓糖和核桃那濃郁且略帶苦澀的香氣，
帶來一些成熟的大人韻味。

栗子焙茶磅蛋糕

材料 15×6cm磅蛋糕烤模2個分量

A 低筋麵粉 ── 100g

全麥低筋麵粉 ── 100g

杏仁粉 ── 60g

甜菜糖 ── 20g

泡打粉 ── 2小匙

鹽 ── 1小撮

B 楓糖漿 ── 6大匙

植物油 ── 4大匙

無調整豆乳 ── 100㎖

泡得濃一點的焙茶 ── 20㎖（2大匙茶葉放入50㎖的熱水中浸泡）

甘栗 ── 200g（對半切開）

焙茶茶葉 ── 3大匙（用研磨缽搗細碎）

事前準備

· 烤箱預熱至180℃。

· 烤模裡鋪好烘焙紙（P.44）。

· 低筋麵粉和全麥低筋麵粉過篩備用。

製作方法

1 A食材倒入調理碗中，用打蛋器充分攪拌均勻。

2 取另外一只調理碗並倒入B食材，用打蛋器攪拌至乳化。

3 將2倒入1的調理碗中，用橡皮刮刀以切割方式攪拌均勻。接著放入甘栗、焙茶茶葉混合均勻。

4 將3填入烤模中（栗子經烘烤會變硬，所以要確實埋入麵團裡面，不要露出於表面），然後放入預熱至180℃的烤箱中烘烤40分鐘左右。

> 以竹籤插入麵團中，沒有沾黏即可出爐。如果尚未熟透，則視情況再烘烤數分鐘。出爐後，連同烘焙紙一起自烤模中取出，放在蛋糕冷卻網架上靜置放涼。

\ Memo /

為了讓味道融入麵團裡，焙茶茶葉務必用研磨缽搗細碎。

這是製作饅頭時想到的食譜。

屬於秋季的磅蛋糕，

能夠細細品嘗栗子的甘甜與焙茶的香氣。

黑芝麻磅蛋糕

材料　15×6㎝磅蛋糕烤模2個分量

- **A** 低筋麵粉 ── 100g
  全麥低筋麵粉 ── 100g
  杏仁粉 ── 60g
  泡打粉 ── 2小匙
  黑芝麻 ── 1大匙
  鹽 ── 1小撮
- **B** 楓糖漿 ── 6大匙
  芝麻油 ── 4大匙
  無調整豆乳 ── 100㎖

黑芝麻醬 ── 1大匙

〔奶酥〕

低筋麵粉 ── 20g
全麥低筋麵粉 ── 20g
杏仁粉 ── 20g
甜菜糖 ── 20g
黑芝麻 ── 2小匙
芝麻油 ── 2大匙

事前準備

・烤箱預熱至180℃。
・烤模裡鋪好烘焙紙 (P.44)。
・低筋麵粉和全麥低筋麵粉過篩備用。

製作方法

1 **製作奶酥**。將奶酥食材放入調理碗中，用指尖搓揉攪拌成肉鬆狀（請參照P10的**1～4**步驟）。

2 **A**食材倒入調理碗中，用打蛋器充分攪拌均勻。

3 取另外一只調理碗並倒入**B**食材，用打蛋器攪拌至乳化。

4 將**3**倒入**2**的調理碗中，用橡皮刮刀以切割方式攪拌均勻。

5 將**4**的麵團平均分成2份。取其中1份添加黑芝麻醬攪拌均勻。

6 將攪拌好的黑芝麻麵團和**5**的另外一份麵團混合在一起（**a**），用橡皮刮刀大大地攪拌3～4次（**b**）。由於填入烤模時，2種麵團會再進一步混合在一起，這時候如果過度攪拌，麵團可能會形成大理石花紋圖案。務必多加留意。

7 將**6**填入烤模中，然後將**1**的奶酥鋪在整個表面（**c**）。

8 將**7**放入預熱至180℃的烤箱中烘烤30分鐘。

> 以竹籤插入麵團中，沒有沾黏即可出爐。如果尚未熟透，則視情況再烘烤數分鐘。出爐後，連同烘焙紙一起自烤模中取出，放在蛋糕冷卻網架上靜置放涼。

a

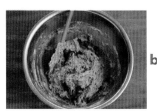

b

c

\ Memo /

磅蛋糕冷卻後會變硬，所以沒有立即吃完的部分，建議加熱後再食用會比較美味。

美味的關鍵在於濃醇的黑芝麻醬裡
又添加了芝麻油。
對於喜歡芝麻甜點的人，
這款蛋糕的風味令人難以抗拒。

Chapter2

法式鹹蛋糕

「法式鹹蛋糕」是一種起源自法國，不帶甜味的蛋糕。

本書介紹的食譜是以橄欖油取代奶油，

1個磅蛋糕烤模分量約使用2大匙。

麵粉為低筋麵粉和全麥低筋麵粉各半混合在一起。

可以根據個人偏好選擇100％低筋麵粉，或者100％全麥低筋麵粉，

但鹹蛋糕的蓬鬆度和口感也會跟著產生變化。

本章節所介紹的法式鹹蛋糕沒有困難複雜的訣竅，

但需要多加留意的是將粉類和液體攪拌在一起的過程中，手部不要暫停。

除此之外，不要用揉捏方式攪拌，要使用橡皮刮刀以類似切割的方式攪拌。

一口氣將麵團攪拌好，然後立刻填入烤模並放入烤箱中烘烤，過程中一旦有所停頓，

蛋糕的膨脹效果容易變差。

基本上，只要攪拌至沒有粉末狀，即可填入烤模中進行烘烤。

使用大量蔬菜、豆類、堅果類、香草等對身體有益的食材也是重要關鍵。

\ 保存方式 /

夏季以保鮮膜包好後，置於冷藏室可以保存5天。
春秋冬季置於陰涼處可以保存3天。食用時切成適
當大小，再放入預熱至180℃的烤箱中加熱2～3分
鐘即可食用。

洋蔥堅果法式鹹蛋糕

洋蔥堅果
法式鹹蛋糕

材料　15 × 6 ㎝磅蛋糕烤模2個分量

A｜低筋麵粉 ── 80g
　　全麥低筋麵粉 ── 80g
　　杏仁粉 ── 60g
　　粗玉米粉 ── 70g
　　泡打粉 ── 2小匙
　　鹽 ── 2/3小匙

B｜楓糖漿 ── 4大匙
　　橄欖油 ── 4大匙
　　無調整豆乳 ── 100㎖

洋蔥 ── 300g（切成5㎜厚的薄片）
橄欖油 ── 1大匙
鹽 ── 少許
杏仁 ── 50g（切粗顆粒）
開心果 ── 30g（切粗顆粒）

事前準備　·烤箱預熱至180℃。
　　　　　　　·烤模裡鋪好烘焙紙（P.44）。
　　　　　　　·低筋麵粉和全麥低筋麵粉過篩備用。

製作方法

1　用平底鍋加熱橄欖油，以中弱火炒軟洋蔥，然後撒鹽（確實拌炒以帶出洋蔥甜味是蛋糕美味的祕密）。

2　A食材放入調理碗中，充分攪拌均勻。

3　取另外一只調理碗並倒入B食材，用打蛋器攪拌至乳化。

享受充分拌炒後產生的洋蔥甜味
和粗玉米粉的特殊嚼勁。
堅果的烘焙香氣讓美味更加升級！

4 將 **3** 倒入 **2** 的調理碗中，用橡皮刮刀以切割方式攪拌均勻。

5 將 **1** 的洋蔥和杏仁、開心果放入 **4** 裡面，混合在一起。

6 將 **5** 填入烤模中。

7 將 **6** 放入預熱至 180℃ 的烤箱中烘烤 40 分鐘。

以竹籤插入麵團中，沒有沾黏即可出爐。如果尚未熟透，則視情況再烘烤數分鐘。出爐後，連同烘焙紙一起自烤模中取出，放在蛋糕冷卻網架上靜置放涼。

蕈菇核桃
法式鹹蛋糕

材料　15 × 6㎝磅蛋糕烤模2個分量

A　低筋麵粉 ── 100g
　　全麥低筋麵粉 ── 100g
　　杏仁粉 ── 60g
　　泡打粉 ── 2小匙
　　鹽 ── 2/3小匙

B　楓糖漿 ── 4大匙
　　橄欖油 ── 4大匙
　　無調整豆乳 ── 100㎖
　　麥味噌（沒有的話，使用自己喜歡的味噌）── 2大匙

喜歡的蕈菇（蘑菇、杏鮑菇、鴻禧菇等）── 共計200g
鹽 ── 少許
橄欖油 ── 1小匙
核桃 ── 60g（切粗顆粒）
小番茄 ── 4顆（縱向切4等分）

事前準備

· 烤箱預熱至180℃。
· 烤模裡鋪好烘焙紙（P.44）。
· 低筋麵粉和全麥低筋麵粉過篩備用。

製作方法

1　蕈菇類切成5㎜塊狀，撒鹽後輕輕搓揉。平底鍋加熱後倒入橄欖油，以中弱火炒軟蕈菇。

2　A食材倒入調理碗中，用打蛋器充分攪拌均勻。

3　取另外一只調理碗並倒入B食材，用打蛋器攪拌至乳化。

4　將3倒入2的調理碗中，用橡皮刮刀以切割方式攪拌均勻。接著放入1的蕈菇、核桃，稍微攪拌一下。

5　將4填入烤模中，然後擺上小番茄。在小番茄上澆淋少許橄欖油（分量外）。

6　將5放入預熱至180℃的烤箱中烘烤40分鐘。

以竹籤插入麵團中，沒有沾黏即可出爐。如果尚未熟透，則視情況再烘烤數分鐘。出爐後，連同烘焙紙一起自烤模中取出，放在蛋糕冷卻網架上靜置放涼。

拌炒大量蕈菇，充滿鮮味的法式鹹蛋糕。
若是要當成配菜蛋糕，由於口感略顯單調，容易乏味，
這時添加核桃具畫龍點睛之妙。

番茄乾扁豆
法式鹹蛋糕

材料 15 × 6㎝磅蛋糕烤模2個分量

A 低筋麵粉 —— 100g
　 全麥低筋麵粉 —— 100g
　 杏仁粉 —— 60g
　 燕麥片 —— 30g
　 泡打粉 —— 2小匙
　 鹽 —— 2/3小匙
B 楓糖漿 —— 4大匙
　 橄欖油 —— 4大匙
　 無調整豆乳 —— 100㎖
番茄乾 —— 30g（切絲）
扁豆（乾燥）—— 1/4杯
核桃 —— 30g（切粗顆粒）
燕麥片 —— 適量

\ Memo /

> 番茄乾的含鹽量因品牌而大有不同，請事先嘗過味道並調整A食材中的鹽分使用量。

事前準備

· 烤箱預熱至180℃。
· 烤模裡鋪好烘焙紙（P.44）。
· 低筋麵粉和全麥低筋麵粉過篩備用。

製作方法

1 在小鍋裡放入扁豆和大量的水，煮沸後轉為中弱火繼續熱煮至扁豆變軟。

2 A食材倒入調理碗中，用打蛋器充分攪拌均勻。

3 取另外一只調理碗並倒入B食材，用打蛋器攪拌至乳化。

4 將3倒入2的調理碗中，用橡皮刮刀以切割方式攪拌均勻。接著放入番茄乾、核桃、1的扁豆，稍微攪拌一下。

5 將4填入烤模中，然後撒上燕麥片，最後放入預熱至180℃的烤箱中烘烤30～40分鐘。

以竹籤插入麵團中，沒有沾黏即可出爐。如果尚未熟透，則視情況再烘烤數分鐘。出爐後，連同烘焙紙一起自烤模中取出，放在蛋糕冷卻網架上靜置放涼。

一道結合扁豆的口感、
番茄乾的鹽味與酸味，以及核桃嚼勁的食譜。
味道豐富又具有震撼力。

酒粕生薑
法式鹹蛋糕

材料　15 × 6cm磅蛋糕烤模2個分量

A 低筋麵粉 —— 100g
　 全麥低筋麵粉 —— 100g
　 杏仁粉 —— 60g
　 泡打粉 —— 2小匙
　 鹽 —— 2/3小匙

B 楓糖漿 —— 4大匙
　 橄欖油 —— 4大匙
　 白芝麻醬 —— 2大匙
　 無調整豆乳 —— 100㎖
　 薑汁 —— 2大匙

C 白芝麻 —— 1大匙
　 黑芝麻 —— 1大匙
　 薑絲 —— 20g
　 玄米酒粕 —— 4大匙
　 ※ 也可使用自己偏好的酒粕。

玄米酒粕（裝飾用）—— 適量
※ 也可使用自己偏好的酒粕。

事前準備

· 烤箱預熱至180℃。
· 烤模裡鋪好烘焙紙（P.44）。
· 低筋麵粉和全麥低筋麵粉過篩備用。

製作方法

1 A食材倒入調理碗中，用打蛋器充分攪拌均勻。

2 取另外一只調理碗並倒入B食材，用打蛋器攪拌至乳化。

3 將2倒入1的調理碗中，用橡皮刮刀以切割方式攪拌均勻。接著放入C食材並混合均勻。

4 將3填入烤模中，然後在表面撒上裝飾用的玄米酒粕，最後放入預熱至180℃的烤箱中烘烤40分鐘左右。

以竹籤插入麵團中，沒有沾黏即可出爐。如果尚未熟透，則視情況再烘烤數分鐘。出爐後，連同烘焙紙一起自烤模中取出，放在蛋糕冷卻網架上靜置放涼。

還可以這樣變化！

為了增添視覺效果，使用白和黑2種芝麻，只使用1種也可以。

酒粕經烘烤後產生起司般的風味，
搭配清爽的生薑香氣和芝麻的芳香，
甜鹹美味讓人一吃就上癮。

馬鈴薯酸豆
法式鹹蛋糕

材料　15 × 6 cm磅蛋糕烤模 2 個分量

A｜低筋麵粉 —— 100g
　｜全麥低筋麵粉 —— 100g
　｜杏仁粉 —— 60g
　｜泡打粉 —— 2 小匙
　｜鹽 —— 2/3 小匙

B｜楓糖漿 —— 4 大匙
　｜橄欖油 —— 4 大匙
　｜無調整豆乳 —— 100 ㎖

馬鈴薯 —— 中 2 顆（約 200g）

鹽漬酸豆 —— 35g（用清水洗掉鹽巴的狀態）

杏仁粉 —— 適量

事前準備

· 烤箱預熱至180℃。
· 烤模裡鋪好烘焙紙（P.44）。
· 低筋麵粉和全麥低筋麵粉過篩備用。

製作方法

1 將馬鈴薯蒸煮至竹籤能輕易插入，然後切成 2 cm塊狀（不削皮）。酸豆切成粗顆粒。

2 A食材倒入調理碗中，用打蛋器充分攪拌均勻。

3 取另外一只調理碗並倒入B食材，用打蛋器攪拌至乳化。

4 將 3 倒入 2 的調理碗中，用橡皮刮刀以切割方式攪拌均勻。接著加入 1 的馬鈴薯和酸豆並混合均勻。

5 將 4 填入烤模中，然後在表面撒上杏仁粉，最後放入預熱至180℃的烤箱中烘烤40分鐘。

以竹籤插入麵團中，沒有沾黏即可出爐。如果尚未熟透，則視情況再烘烤數分鐘。出爐後，連同烘焙紙一起自烤模中取出，放在蛋糕冷卻網架上靜置放涼。

還可以這樣變化！

添加少量核桃也很美味。

分量足以作為早午餐
或派對餐點的法式鹹蛋糕。
馬鈴薯的甜味與酸豆的鹹味交織在一起，
充滿新鮮的美好滋味。
非常適合搭配白葡萄酒一起享用。

43

烘焙紙摺疊方法和鋪法

1 裁切一張烘焙紙，長寬高都比烤模多1cm。

2 將烘焙紙置於烤模底下，沿著烤模底角向上折起並做記號。

3 用剪刀剪至底角處。

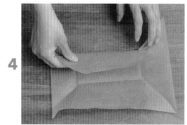

4 沿著折線向內折。

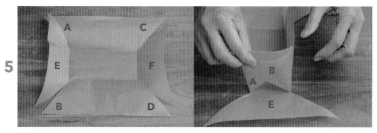

5 將A和B、C和D重疊於內側，外側的E、F也折起來。

6 將折好的烘焙紙鋪在烤模裡。

完成！

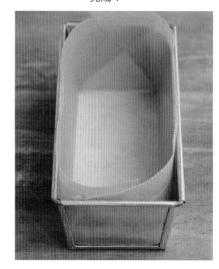

Chapter3

派塔

不需要奶油和鮮奶油，全新型態的派塔。

塔配的種類豐富，包含添加大量水果和鮮奶油的新鮮派塔，
以及塞滿杏仁奶油餡和堅果的烤焙派塔。

製作塔餅皮時不使用奶油，改用植物油，
低筋麵粉和全麥低筋麵粉各半混合在一起，打造酥脆口感。
杏仁奶油餡是以杏仁粉為基底，做出濃郁風味！
奶油方面則使用充滿香草香氣豆腐奶油。

<table>
<tr><td>

塔餅皮

</td><td>

本書所使用的塔餅皮為原味塔餅皮。
將低筋麵粉和全麥低筋麵粉各半混合在一起,打造酥脆口感。也可以依
據個人喜好改變麵粉比例。低筋麵粉含量多,口感酥脆輕盈,全麥低筋
麵粉含量多,口感較為厚重。

</td></tr>
</table>

材料 18cm塔模1個分量

A 低筋麵粉 —— 70g
全麥低筋麵粉 —— 70g
甜菜糖 —— 20g
鹽 —— 少許

B 植物油 —— 50㎖
無調整豆乳 —— 2大匙

事前準備

· 烤箱預熱至180℃。

▶揉出麵團

1 A食材倒入調理碗中,用橡皮刮刀攪拌均勻。

2 取另外一只調理碗並倒入B食材,用打蛋器攪拌至乳化。

3 將2倒入1的調理碗中,用橡皮刮刀以切割方式攪拌均勻。

4 用手揉捏整理麵團。用含水分的結塊麵團沾黏調理碗中的麵粉,逐漸整理成圓形。

+ 感覺水分不足時,逐次添加極少量豆乳(分量外)。

+ 繼續揉捏並將麵粉沾附於麵團上,最後用麵團將沾附於調理碗中的麵粉黏乾淨。

▶擀平鋪入烤模中

5 將麵團擀成1.5cm厚的圓形。

6 以擀麵棍按壓住5的麵團並擀成橢圓形。接著每次旋轉麵團約30度(分針走5分鐘的角度),同樣使用擀麵棍以按壓方式擀成橢圓形。重覆相同動作約半圈的程度,即可調整成圓形麵皮。

7

繼續以每次旋轉30度的方式，用擀麵棍將麵團擀成圓形。

8

將烤模置於麵皮上，確認是否比烤模大一圈。

9

將麵皮繞在擀麵棍上並鋪於烤模中。

10

用指尖將麵皮牢固地黏貼於烤模底部和側邊的交界處。

11

用指尖將麵皮黏貼於烤模內側面。

12

以擀麵棍在烤模頂端滾動，去除多餘的麵皮。

13

用指尖按壓切口調整得美觀一點。切下來的多餘麵皮也可以一起烤焙成餅乾。

14

用叉子在麵皮底部戳洞。沒有使用烘焙石也沒關係。

▶盲烤

15

將**14**放在烤盤上並放入預熱至180℃的烤箱中烘烤20～25分鐘。烘烤過程中若發現麵皮膨脹，用竹籤輕戳幾個部位以排除空氣，並用湯匙輕輕按壓。

完成！ 左）原味塔餅皮。中）原味塔餅皮中添加肉桂粉製作成肉桂風味塔餅皮（P54）。右）原味塔餅皮中添加可可粉製作成可可風味塔餅皮（P52、P56、P64）。

原味

肉桂風味

可可風味

杏仁奶油餡

這裡將介紹用於本書派塔的杏仁奶油餡的製作食材與製作方法。使用味道溫和，不會產生特殊氣味的植物油，打造精緻高雅的風味。
無論跟什麼樣的食材都很搭。

材料　18cm塔模1個分量

A | 杏仁粉 ── 80g
　　全麥低筋麵粉 ── 15g
　　甜菜糖 ── 10g
　　泡打粉 ── 1/3小匙
　　鹽 ── 1小撮

B | 植物油 ── 1又1/2大匙
　　無調整豆乳 ── 1又1/2大匙
　　楓糖漿 ── 1大匙

1 A食材倒入調理碗中，用橡皮刮刀攪拌均勻。

2 取另外一只調理碗並倒入B食材，用打蛋器攪拌混合至乳化。

3 將**2**倒入**1**的調理碗中，用橡皮刮刀以縱切方式，將麵糰由下往上翻攪混合。

豆腐奶油

重要關鍵步驟是確實瀝乾豆腐。
這麼做不僅能淡化豆腐的豆腥味，
更能製作出風味濃郁的豆腐奶油。
置於冰箱冷藏室可以保存4～5天。

材料 容易製作的分量

木棉豆腐 —— 150g（熱水汆燙5分鐘備用）

楓糖漿 —— 2大匙（依個人喜好增減）

鹽 —— 少許

香草豆莢 —— 1～2cm（切開後刮取香草籽。果莢也一併使用）

無調整豆乳 —— 適量

1 將篩子置於托盤上，然後將煮熟並瀝乾的豆腐擺在篩子上，上方再以廚房紙巾覆蓋。

2 以烘焙石施加壓力並靜置30分鐘，幫助豆腐排出水分（去除2成左右的水分就可以了）。

3 將**2**和楓糖漿、鹽、自香草豆莢中刮取的香草籽倒入調理碗中，以手持攪拌器攪拌至滑順有光澤。過於濃稠時，可以邊嚐味道邊適度添加楓糖漿（分量外）和豆乳（適量）進行調整。

完成！
保存時將香草豆莢的果莢一併放入容器中，藉此增添香氣會更加美味。

〔新鮮〕

檸檬奶油
覆盆子塔

材料　18㎝塔模1個分量

〔可可風味塔餅皮〕

A｜低筋麵粉 —— 70g
　　全麥低筋麵粉 —— 70g
　　可可粉 —— 15g
　　甜菜糖 —— 30g
　　鹽 —— 少許

B｜植物油 —— 70㎖
　　無調整豆乳 —— 2大匙

〔覆盆子果醬〕

C｜覆盆子 —— 40g
　　龍舌蘭糖漿 —— 1又1/2大匙
　　※沒有龍舌蘭糖漿時，可以使用等量的甜菜糖，
　　　但風味會有所改變。
　　水 —— 1又1/2大匙
　　寒天粉 —— 1/3小匙

〔檸檬奶油〕

D｜玄米甜酒 —— 6大匙
　　※也可使用自己偏好的甜酒。
　　檸檬汁 —— 4又1/2大匙
　　楓糖漿 —— 2大匙
　　龍舌蘭糖漿 —— 2大匙
　　純蘋果汁 —— 2大匙
　　葛粉 —— 1小匙
　　寒天粉 —— 1小匙
　　檸檬皮刨屑 —— 1顆分量

豆腐奶油（P.51）—— 一半分量

覆盆子 —— 約15顆

檸檬皮刨屑 —— 適量

事前準備

· 烤箱預熱至180℃。

製作方法

1　製作可可風味的塔餅皮。同P48～P49的步驟製作塔餅皮。暫時先不要脫模。

2　製作覆盆子果醬。小鍋裡倒入C食材，用橡皮刮刀攪拌均勻。加熱至沸騰後，轉為弱火邊攪拌邊加熱1～2分鐘。稍微靜置放涼後，倒在1的塔餅皮中，用橡皮刮刀平鋪均勻（a）。

3　製作檸檬奶油。小鍋裡倒入D食材，加熱至沸騰後轉為弱火繼續加熱1～2分鐘（b）。稍微靜置放涼後倒入攪拌機中攪拌。攪拌至濃稠後倒入2裡面（c），用抹刀或橡皮刮刀將表面抹平。置於冷藏室裡冷卻。

4　脫模後，以湯匙前端挖取豆腐奶油點綴在塔餅皮邊緣（d）。內側以覆盆子裝飾，並且撒上檸檬皮屑。

龍舌蘭糖漿

龍舌蘭糖漿取自主要分布於墨西哥的龍舌蘭科植物龍舌蘭。由於GI值低，是一種讓血糖上升的速度較慢，對身體比較沒有負擔的天然甜味劑。

a 　b　c 　d

檸檬派般的鬆軟口感、帶有酸甜味的檸檬奶油，
再搭配覆盆子果醬，打造出時尚又華麗的風味。
結合可可風味的塔餅皮，更添成熟大人味。

堅果糖香蕉塔

材料　18cm塔模1個分量

肉桂風味塔餅皮（請參照P.48～49的**1～14**步驟）
　── 1個

※塔餅皮的食材A中添加1小匙肉桂粉製作而成。
※塔餅皮暫時不脫模。

〔杏仁奶油餡〕

A｜杏仁粉 ── 50g
　｜全麥低筋麵粉 ── 15g
　｜甜菜糖 ── 5g
　｜泡打粉 ── 1/3小匙
　｜鹽 ── 1小撮
B｜植物油 ── 1大匙
　｜無調整豆乳 ── 1大匙
　｜楓糖漿 ── 1大匙

〔豆腐奶油〕

木棉豆腐 ── 225g（熱水汆燙5分鐘後排出水分）
楓糖漿 ── 3～4大匙（依個人喜好增減）
鹽 ── 少許
香草豆莢 ── 2～3cm（切開後刮取香草籽）
無調整豆乳 ── 適量

C｜杏仁醬 ── 1大匙
　｜楓糖漿 ── 1小匙
香蕉 ── 約2根

〔焦糖堅果糖奶油〕

D｜杏仁醬 ── 1大匙
　｜楓糖漿 ── 1小匙
　｜無調整豆乳 ── 適量

肉桂粉 ── 依個人喜好少量添加

事前準備

· 烤箱預熱至180℃。

製作方法

1 製作杏仁奶油餡。A食材倒入調理碗中，用橡皮刮刀攪拌均勻。取另外一只調理碗並倒入**B**食材，用打蛋器攪拌至乳化。將**A**和**B**混合在一起，以由下往上翻攪的方式混合均勻。

2 倒入塔餅皮中，用橡皮刮刀將表面抹平，放入預熱至180℃的烤箱中烘烤20～25分鐘後靜置放涼。

3 製作豆腐奶油。同P51的步驟製作豆腐奶油。

4 取2/3分量的**3**和攪拌均勻的**C**混合在一起。然後添加1cm厚的切片香蕉，攪拌在一起。

5 將**4**倒入**2**裡面，接著鋪上剩餘的豆腐奶油。

6 製作焦糖堅果糖奶油。用打蛋器充分混合拌勻**D**食材，以湯匙前端取焦糖堅果糖奶油淋在整個表面，然後撒上肉桂粉。

杏仁醬
將杏仁烘烤後再處理成泥狀。市面上也買得到名為「Almond Cream（無糖）」的杏仁醬。

透過使用杏仁醬讓味道向來偏可愛討喜的香蕉塔增添一點成熟韻味。

充滿杏仁風味又口感鬆軟的豆腐奶油，

好吃到令人愛不釋手。

蒙布朗

材料　18cm塔模1個分量

〔可可風味塔餅皮〕

A | 低筋麵粉 —— 70g
  | 全麥低筋麵粉 —— 70g
  | 可可粉 —— 15g
  | 甜菜糖 —— 30g
  | 鹽 —— 少許

B | 植物油 —— 70㎖
  | 無調整豆乳 —— 2大匙

豆腐奶油（P.51）—— 全量
栗子 A —— 100g（淨重）
蘭姆酒 —— 1小匙

〔莓類果醬〕

C | 覆盆子（冷凍覆盆子也可以）—— 20g
  | 藍莓（冷凍藍莓也可以）—— 10g
  | 甜菜糖 —— 2小匙
  | 檸檬汁 —— 1小匙

〔栗子奶油〕

D | 栗子 —— 200g（淨重）
  | 無調味豆乳 —— 90 ～ 100㎖
  | 楓糖漿 —— 略少於1又1/2大匙
  | 龍舌蘭糖漿 —— 略少於1又1/2大匙

栗子 B —— 適量
可可粉 —— 少許

事前準備

· 水煮栗子40分鐘左右至變軟，剝殼、去皮備用。
· 烤箱預熱至180℃。

製作方法

1 製作可可風味的塔餅皮。同P48～P49的步驟製作塔餅皮。暫時先不要脫模。

2 製作莓類果醬。小鍋裡倒入C食材，煮沸後轉為弱火熬煮至濃稠。靜置放涼後塗抹於1的整個底部。

3 將蘭姆酒淋在栗子 A 上面，混合豆腐奶油一起鋪在2上面，用抹刀或橡皮刮刀將表面抹平。脫膜。

4 製作栗子奶油。用手持攪拌器將D食材攪拌至滑順。填入裝有蒙布朗花嘴的擠花袋中，將栗子奶油擠在3的上面（a）。

5 將栗子 B 切成2～3等分，裝飾在蛋糕上，最後撒上可可粉。

a

\ Memo /

沒有龍舌蘭糖漿時，可以使用等量的甜菜糖。但風味會有所改變。

略帶苦澀的可可風味塔餅皮搭配味道柔和的栗子，風味絕佳又相得益彰。

保留栗子圓滾滾的原形、切成小塊，或者攪拌成泥狀，就能享受各式各樣的口感與味道。

藍莓開心果奶油塔

材料　18 ㎝塔模 1 個分量

塔餅皮（請參照 P.48〜49 的 **1**〜**14** 步驟）── 1 個
※ 塔餅皮暫時不脫模。

杏仁奶油餡（P.50）── 全量
藍莓（新鮮）── 60g

〔開心果奶油〕

A｜木棉豆腐 ── 150g
　　（熱水汆燙 5 分鐘後排出水分）
　　楓糖漿 ── 3 大匙
　　開心果（剝殼）── 25g
　　鹽 ── 1 小撮

藍莓（新鮮・裝適用）── 50 〜 60 顆
開心果 ── 適量

事前準備

・烤箱預熱至 180℃。

製作方法

1 將藍莓放入杏仁奶油餡中，充分攪拌均勻。

2 將 **1** 填入塔餅皮中，用橡皮刮刀將表面抹平，放入預熱至 180℃的烤箱
　中烘烤 20〜25 分鐘，靜置放涼。

3 製作開心果奶油。用手持攪拌器將 **A** 食材攪拌成奶油狀（**a**）。

4 將 **2** 脫膜，倒入 **3** 後用橡皮刮刀將表面抹平。擺上裝飾用藍莓，在邊緣
　撒上切碎的開心果。

a

使用大量開心果製作香醇濃郁的奶油，
再以大量新鮮藍莓裝飾，製作出洋溢奢華感的藍莓開心果奶油塔。
杏仁奶油餡裡也放入了許多的藍莓。

洋梨焦糖堅果烤塔

材料　18㎝塔模1個分量

〔塔餅皮〕

A │ 低筋麵粉 —— 75g
　　全麥低筋麵粉 —— 25g
　　甜菜糖 —— 10g
　　鹽 —— 1小撮

植物油 —— 40㎖

無調整豆乳 —— 2大匙

〔焦糖堅果〕

B │ 杏仁片 —— 10g
　　杏仁 —— 10g（切粗顆粒）
　　核桃 —— 10g（切粗顆粒）
　　米飴 —— 1大匙
　　※ 可使用楓糖漿代替。
　　楓糖漿 —— 1小匙

洋梨 —— 約1顆（150g。削皮去核後淨重）
葡萄乾 —— 20g

事前準備

・烤箱預熱至180℃。

製作方法

1 洋梨削皮後去核，切成2㎝厚的梳子形，然後再對半切開。

2 製作塔餅皮。**A** 食材倒入調理碗中，用橡皮刮刀攪拌均勻後，以繞圈方式淋上植物油，再用手搓揉至不黏膩狀態。倒入豆乳，將麵糊整理成團（整理方式請參照P48的**1**～**5**步驟）。

3 將**2**擺在烘焙紙上，以擀麵棍擀成23㎝大小的圓形（擀麵皮方式請詳見P48～P49的步驟**6**～**7**）。

4 將葡萄乾撒在中央直徑約12～13㎝的範圍內（**a**），然後在葡萄乾上面擺放**1**的洋梨（**b**）。接著將周圍的麵皮向內拉並包裹起來（**c**）。

5 在**4**的中心部位擺上攪拌均勻的**B**（**d**），放入預熱至180℃的烤箱中烘烤30～35分鐘。

a

b
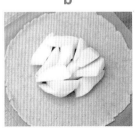

c
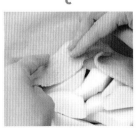

d

不需要烤模也能製作的簡單派塔。
洋梨未經糖漬,而是以葡萄乾增加甜味。
酥脆芳香的堅果更加突顯洋梨的水嫩多汁。

香蕉和杏子開心果奶酥塔

材料　18cm塔模1個分量

塔餅皮（請參照P.48～49的**1～14**步驟）
—— 1個
※暫時不要脫模。

〔開心果杏仁奶油餡〕

A | 杏仁粉 —— 100g
　　| 全麥低筋麵粉 —— 30g
　　| 甜菜糖 —— 15g
　　| 泡打粉 —— 2/3小匙
　　| 鹽 —— 1小撮

B | 植物油 —— 2大匙
　　| 無調整豆乳 —— 2大匙
　　| 楓糖漿 —— 2大匙
　　| 開心果（剝殼備用）—— 35g

香蕉 —— 1～1又1/2根
杏乾 —— 25g

〔奶酥〕

C | 低筋麵粉 —— 20g
　　| 全麥低筋麵粉 —— 20g
　　| 杏仁粉 —— 20g
　　| 甜菜糖 —— 20g
　　| 植物油 —— 2大匙左右

開心果 —— 適量（切粗顆粒）

事前準備

· 烤箱預熱至180℃。
· 用熱水將杏乾泡軟備用。

製作方法

1 製作開心果杏仁奶油餡。**A**食材倒入調理碗中，用橡皮刮刀攪拌均勻。取另外一只調理碗並倒入**B**食材，用手持攪拌器攪拌，然後和**A**充分攪拌在一起。

2 製作塔餅皮。將**1**倒入塔餅皮中，用橡皮刮刀將表面抹平，均勻擺上切成1cm厚的香蕉和泡軟的杏乾。

3 製作奶酥。**C**食材放入調理碗中，用手指搓揉攪拌（**a**）成肉鬆狀（**b**），接著均勻鋪在**2**上面。

4 放入預熱至180℃的烤箱中烘烤25～30分鐘，最後撒上開心果。

a

b

添加奶酥增添口感的烤焙香蕉和杏子開心果奶酥塔。

具獨特風味的開心果杏仁奶油餡搭配甘甜芳香的香蕉和酸味強烈的杏乾，

整體風味充滿時尚感。

烤焙

奇異果角豆塔

材料　18cm塔模1個分量

〔可可風味塔餅皮〕

A｜低筋麵粉 ── 70g
　　全麥低筋麵粉 ── 70g
　　可可粉 ── 15g
　　甜菜糖 ── 30g
　　鹽 ── 少許
B｜植物油 ── 70mℓ
　　無調整豆乳 ── 2大匙

〔杏仁奶油餡〕

C｜杏仁粉 ── 100g
　　全麥低筋麵粉 ── 30g
　　甜菜糖 ── 10g
　　泡打粉 ── 2/3小匙
　　鹽 ── 1小撮
D｜植物油 ── 2大匙
　　無調整豆乳 ── 2大匙
　　楓糖漿 ── 2大匙

角豆粒 ── 30g

※可使用巧克力豆代替。

可可粉 ── 1大匙

奇異果 ── 2顆
（削皮切成3mm厚的薄片）

事前準備

・烤箱預熱至180℃。

製作方法

1 製作可可風味的塔餅皮。同P48～P49的**1～14**步驟製作塔餅皮。暫時不要脫模。

2 製作杏仁奶油餡和可可奶油餡。**C**食材放入調理碗中，用橡皮刮刀攪拌均勻。

3 取另外一只調理碗並倒入**D**食材，用打蛋器攪拌至乳化。將角豆粒和拌勻的**D**放入**2**裡面，充分攪拌均勻。分成2等分，取其中1份和可可粉攪拌在一起。

4 取適量杏仁奶油餡和可可奶油餡倒入**1**的塔餅皮中，用橡皮刮刀將表面抹平。

5 將切片奇異果逐一排列在上面，然後澆淋適量楓糖漿（分量外）。放入預熱至180℃的烤箱中烘烤30分鐘。

角豆粒

在長角豆粉中添加油脂烘烤而成。大自然長壽飲食通常會以角豆粒取代巧克力。相較於可可，角豆所含的脂質較少，而且富含鈣質和膳食纖維。

在杏仁奶油餡中添加角豆粒和可可粉，製作成可可奶油餡，另外再搭配可可風味的塔餅皮，是款散發濃厚巧克力風味的派塔。再加上奇異果的組合，2種風味互相烘托，更顯美味可口。

Chapter4

法式鹹派

不使用奶油、起司和雞蛋，
對身體負擔較小的法式鹹派。

製作鹹派餅皮時不使用奶油，改用橄欖油，
麵粉為全麥低筋麵粉搭配高筋麵粉混合在一起。
藉此打造酥脆口感。
使用豆腐和無調整豆乳、白味噌製作成口味帶有層次的豆腐奶油餡。
每一款法式鹹派都添加大量蔬菜、香草植物和堅果，
營養滿分適合每天享用。

另外也適合用來送禮或作為款待客人的一道餐點。

鹹派餅皮

全麥低筋麵粉和高筋麵粉以1:1的比例混合在一起。
請依個人喜好選用植物油。
這是一款帶有酥脆口感的鹹派餅皮。

材料 18cm塔模1個分量

A | 全麥低筋麵粉 —— 70g
  | 高筋麵粉 —— 70g
  | 鹽 —— 1/3小匙
B | 橄欖油 —— 50㎖
  | 無調整豆乳 —— 2大匙

事前準備

· 烤箱預熱至180℃。

▶揉出麵團

1 A食材倒入調理碗中,用橡皮刮刀攪拌均勻。

2 取另外一只調理碗並倒入B食材,用打蛋器攪拌至乳化。

3 將2倒入1的調理碗中,用橡皮刮刀以切割方式攪拌均勻。

4 用手揉捏整理麵團。用含水分的結塊麵團沾黏調理碗中的麵粉,逐漸整理成圓形。

+ 感覺水分不足時,逐次添加極少量豆乳(分量外)。繼續揉捏並將麵粉沾附於麵團上,最後用麵團將沾附於調理碗中的麵粉黏乾淨。

▶擀平鋪入烤模中

5 將麵團擀成1.5cm厚的圓形。

6 以擀麵棍按壓住5的麵團,擀成橢圓形。接著每次旋轉麵團約30度(分針走5分鐘的角度),同樣使用擀麵棍以按壓方式擀成橢圓形。重覆相同動作約半圈的程度,即可調整成圓形麵皮。

7 繼續以每次旋轉30度的方式,用擀麵棍將麵團擀成圓形。

8 將烤模置於麵皮上，確認是否比烤模大一圈。

9 將麵皮繞在擀麵棍上並鋪於烤模中。

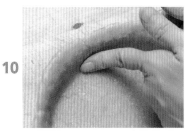

10 用指尖將麵皮牢固地黏貼於烤模底部和側邊的交界處。

11 用指尖將麵皮黏貼於烤模內側面。

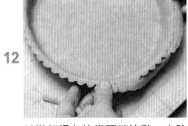

12 以擀麵棍在烤模頂端滾動，去除多餘的麵皮。

13 用指尖按壓切口調整得美觀一點。切下來的多餘麵皮也可以一起烤焙成餅乾。

▶盲烤

14 用叉子在麵皮底部戳洞。沒有使用烘焙石也沒關係。

15 將 **14** 放在烤網或烤盤上並放入預熱至180℃的烤箱中烘烤20～25分鐘。烘烤過程中若發現麵皮膨脹，用竹籤輕戳幾處以排除空氣，並用湯匙輕輕按壓。

馬鈴薯紅洋蔥的
香草法式鹹派

材料　18cm塔模1個分量

鹹派餅皮（請參照P.68～69的**1**～**15**
　步驟）—— 1個

※暫時不要脫模。

〔香草豆腐奶油餡〕

豆腐奶油餡（請參照下方作法）—— 全量
百里香 —— 1/2小匙
奧勒岡 —— 約10片

※沒有新鮮香草植物時，也可以使用乾燥香草。

紅洋蔥 A —— 150g
馬鈴薯 —— 150g
鹽 —— 少許
紅洋蔥 B —— 5mm厚環形切5片
橄欖油 —— 適量
（有的話）百里香（新鮮）—— 2枝

事前準備

・烤箱預熱至180℃。

製作方法

1 製作香草豆腐奶油餡。在豆腐奶油餡（參照下列作法）的
　A食材中添加百里香和奧勒岡。

2 將紅洋蔥 A 切成1cm厚的梳子形，馬鈴薯削皮後切成5mm
　厚的半月形。

3 平底鍋裡倒入橄欖油加熱，拌炒 **2** 的紅洋蔥。洋蔥炒軟後
　添加 **2** 的馬鈴薯，熟透後撒鹽。

4 將 **1** 的香草豆腐奶油餡和 **3** 倒入調理碗中，用橡皮刮刀攪
　拌均勻。

5 將 **4** 填入鹹派餅皮中，接著鋪上紅洋蔥 A，擺上百里香
　（手邊有的話），然後澆淋橄欖油。放入預熱至180℃的烤
　箱中烘烤30分鐘，稍微靜置放涼後脫膜。

豆腐奶油餡

材料　容易製作的分量

無調整豆乳 —— 100mℓ
葛粉 —— 1/2大匙
水 —— 1大匙
木棉豆腐 —— 150g
A｜白味噌 —— 2小匙
　｜鹽 —— 1/2小匙

製作方法

1 讓豆腐排出水分。將濾網置於托盤
　上，然後將煮熟並排出水分的豆腐
　擺在濾網裡面，然後以廚房紙巾覆
　蓋（**a**）。

2 用廚房紙巾將 **1** 的豆腐包起來，以
　烘焙石施加壓力並靜置30分鐘，幫
　助豆腐排出水分（**b**）。

3 小鍋裡倒入豆乳，接著倒入以水溶
　解的葛粉（**c**）。

4 弱火加熱 **3** 的同時，使用木鍋鏟攪
　拌，加熱2～3分鐘至呈現濃稠狀。
　靜置放涼。

5 用手持攪拌器攪拌 **4**、**2** 的豆腐和 **A**
　（**d**），攪拌至滑順。

a

b

c

d

將洋蔥充分拌炒至出現甜味，搭配鬆軟口感的馬鈴薯，

一道兼具美味與口感的法式鹹派就此完成。

活用紅洋蔥的色彩，打造獨特且充滿魅力的外觀。

手邊若沒有香草植物，單純使用豆腐奶油餡也很美味。

蓮藕橄欖
法式鹹派

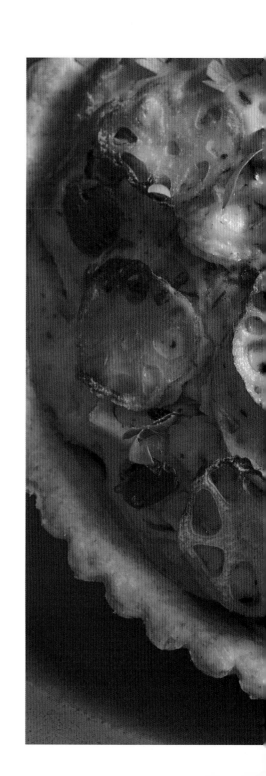

材料 18㎝塔模1個分量

鹹派餅皮（請參照P.68～69的**1**～**15**步驟）
　── 1個
※暫時不要脫模。

豆腐奶油餡（P.70）── 全量
蓮藕 Ａ ── 150g
芹菜 ── 100g
黑橄欖（去籽）── 30g
橄欖油 ── 適量
鹽 ── 少許
蓮藕 Ｂ ── 70g
義大利香芹 ── 適量

事前準備

· 烤箱預熱至180℃。

製作方法

1　蓮藕 Ａ 切成5㎜厚的圓片，芹菜斜切成3㎝長的薄片，黑橄欖切成5㎜塊狀。

2　平底鍋裡倒入橄欖油加熱，拌炒**1**的芹菜。芹菜變軟後加入蓮藕 Ａ，繼續拌炒至熟透。倒入黑橄欖混合在一起，輕輕撒上鹽巴。

3　將豆腐奶油餡和**2**倒入調理碗中，拌勻後填入鹹派餅皮中。擺上將蓮藕 Ｂ 切成2㎜厚的薄片，以繞圈方式淋上橄欖油。放入預熱至180℃的烤箱中烘烤30分鐘，稍微靜置放涼後脫模。最後撒上切碎的義大利香芹。

\ Memo /

混合在奶油餡中的蓮藕，以及裝飾於表面的蓮藕，透過改變蓮藕的厚，替口感增添一些韻律節奏。

表面的被烤到酥脆、混合在奶油餡中的顯得蓬鬆柔軟，
這款法式鹹派能夠一次享用2種不同風味的蓮藕。
黑橄欖的酸味在整體風味中更具有畫龍點睛之妙。

73

高麗菜青花菜酪梨
法式鹹派

材料　18㎝塔模1個分量

鹹派餅皮（請參照P.68～69的 **1～15** 步驟）
—— 1個
※暫時不要脫模。

豆腐奶油餡（P.70）—— 全量
高麗菜 —— 100g（切成3㎝塊狀）
青花菜 —— 80g（切小瓣）
酪梨 —— 1/3顆（削皮切成1㎝塊狀）
黃番茄 —— 3顆（1顆切成3～4片的圓片）
※沒有的話，改用其他顏色的番茄也OK。
巴西利葉 —— 10片（撕成適當大小）
橄欖油 —— 適量
鹽 —— 少許

事前準備

・烤箱預熱至180℃。

製作方法

1　平底鍋裡倒入橄欖油加熱，然後放入高麗菜和青花菜，稍微拌炒一下後撒鹽。

2　將 **1** 的蔬菜和酪梨、巴西利葉倒入豆腐奶油餡中，攪拌均勻後填入鹹派餅皮中。表面擺放番茄片。

3　放入預熱至180℃的烤箱中烘烤30分鐘，稍微靜置放涼後脫模。

蕈菇番茄法式鹹派

材料　18㎝塔模1個分量

鹹派餅皮（請參照P.68～69的 **1～15** 步驟）
—— 1個
※暫時不要脫模。

豆腐奶油餡（P.70）—— 全量
喜歡的蕈菇（鴻喜菇、舞菇、蘑菇等）—— 共計250g
洋蔥 —— 100g（切成5㎜厚的薄片）
番茄乾 —— 20g（切絲）
小番茄 —— 10顆（去蒂對半切開）
※有的話，準備各種顏色的小番茄。
橄欖油 —— 適量
鹽 —— 少許
義大利香芹 —— 適量

事前準備

・烤箱預熱至180℃。

製作方法

1　切除蕈菇底部，然後切成容易入口的大小。

2　平底鍋裡倒入橄欖油加熱，然後放入洋蔥和蕈菇稍微拌炒一下，接著倒入番茄乾一起炒。

3　將 **2** 倒入豆腐奶油餡中，攪拌均勻後填入鹹派餅皮中，再擺上切口朝上的小番茄。整體澆淋橄欖油並撒上鹽巴，放入預熱至180℃的烤箱中烘烤30分鐘。稍微靜置放涼後脫模，最後撒上義大利香芹。

翠綠的高麗菜搭配青花菜、號稱森林奶油的濃郁酪梨，再加上烘烤後甜味更強烈的番茄。一道能夠同時享用豐富蔬菜美味的法式鹹派就此登場。

以色彩多樣的番茄裝飾。盡量增加蕈菇的種類，不僅鮮味滿滿、口感也更具節奏性，對整體美味有加分效果。

小松菜蘑菇
法式鹹派

///// ———————————————————————————————— /////

材料　18㎝塔模1個分量

鹹派餅皮（請參照P.68～69的**1～15步驟**）—— 1個
※暫時不要脫模。

〔芥末醬豆腐奶油餡〕
豆腐奶油餡（P.70）—— 全量
※在豆腐奶油餡的**A**食材中添加1大匙顆粒芥末醬。

小松菜 —— 200g
蘑菇 —— 150g
鹽 —— 少許
橄欖油 —— 適量

事前準備

・烤箱預熱至180℃。

製作方法

1 將小松菜切成3㎝長。平底鍋裡倒入橄欖油加
　熱，放入小松菜稍微拌炒一下，撒上鹽巴。若有
　出水現象，輕輕擦乾後取出。

2 蘑菇切成3㎜厚的薄片，同樣於平底鍋裡倒入橄
　欖油加熱後，放入蘑菇稍微拌炒一下。

3 取一半分量的**1**的小松菜放入鹹派餅皮中，接著
　倒入一半分量的芥末豆腐奶油餡覆蓋住小松菜。

4 將**2**的蘑菇鋪在**3**的上面，接著倒入剩餘的小松
　菜，再倒入剩餘的芥末豆腐奶油餡。放入預熱至
　180℃的烤箱中烘烤30分鐘，稍微靜置放涼後脫
　模。

這道鹹派的隱藏風味是顆粒芥末醬的酸味，能夠更加突顯豆腐奶油餡的滑順感。搭配大量小松菜和蘑菇，滋味也恰到好處地結合。

紅蘿蔔甜菜根胡麻
法式鹹派

材料　18 cm塔模1個分量

鹹派餅皮（請參照P.68～69的 **1～15步驟**）

　── 1個

※ 暫時不要脫模。

〔白芝麻豆腐奶油餡〕

木棉豆腐 ── 225g

　（確實排出水分，但不要汆燙）

※ 豆腐排出水分的方法請詳見P51的 1～2步驟。

Ａ　焙炒白芝麻 ── 2大匙

　　白味噌 ── 2小匙

　　鹽 ── 1/3小匙

　　橄欖油 ── 2大匙

紅蘿蔔 ── 60g

甜菜根 Ａ ── 60g

核桃 ── 20g

蒔蘿（新鮮）切末 ── 1小匙

甜菜根 Ｂ ── 30g（削皮並切成1 cm塊狀）

焙炒白芝麻 ── 適量

蒔蘿（新鮮・裝飾用）── 適量

事前準備

・烤箱預熱至180℃。

製作方法

1　紅蘿蔔和甜菜根 Ａ 切絲，用熱水稍微汆燙1分鐘左右。

2　**製作白芝麻豆腐奶油餡。**將排出水分後的豆腐和 Ａ 放入研磨缽中，研磨攪拌至滑順，然後加入 **1** 的紅蘿蔔和甜菜根、核桃、蒔蘿，用橡皮刮刀攪拌均勻。

3　將 **2** 填入鹹派餅皮中，放入切成1 cm塊狀的甜菜根 Ｂ，並撒上焙炒白芝麻（**a**），放入預熱至180℃的烤箱中烘烤30分鐘，稍微靜置放涼後脫模。最後撕碎裝飾用的蒔蘿並撒在鹹派上。

a

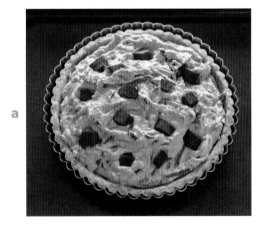

咬勁清脆的紅蘿蔔搭配加熱後甜味提升的甜菜根，就完成了一道既華麗又可愛的法式鹹派。核桃和焙炒白芝麻的芳香更是令人食指大動。

PROFILE

今井洋子

出生於東京都深川。KⅡ認證的大自然長壽飲食（Macrobiotic）烘焙講師。自辻製菓專門學校畢業後，進入 The SAZABY LEAGUE 股份有限公司服務。主要負責「Afternoon Tea TEAROOM」的商品企劃和開發。離職後成為一名自由工作者，除了擔任「KIHACHI」的霜淇淋和甜點顧問兼產品開發，也參與其他企業和咖啡廳的商品・菜單開發工作。因朋友生病的契機，對大自然長壽飲食產生興趣，並且於「ORGANIC BASE」學習製作健康飲食。現在也自行成立一間以健康飲食和素食料理為主的烹飪教室「roof」。著作包含《無蛋奶砂糖！零負擔純素甜點》（瑞昇文化）、《卵・乳製品・白砂糖をつかわないやさしいヴィーガン焼き菓子》（河出書房新社）、《ふんわり、しっとり至福の米粉スイーツ》（家の光協会）、《ノンシュガー＆ノンオイルで作るアイスクリーム、シャーベット》（主婦の友社），另有合著作品《菓子研究家的創意馬芬》（瑞昇文化）、《東京人氣教室的甜點配方：栗香菓子》等。

● 「roof」官網 https://www.roof-kitchen.jp/

TITLE

不需蛋＆乳製品　美味磅蛋糕、派塔、鹹派

STAFF

出版	瑞昇文化事業股份有限公司
作者	今井洋子
譯者	龔亭芬
創辦人／董事長	駱東墻
CEO／行銷	陳冠偉
總編輯	郭湘齡
文字編輯	張聿雯　徐承義
美術編輯	朱哲宏
國際版權	駱念德　張聿雯
排版	洪伊珊
製版	印研科技有限公司
印刷	龍岡數位文化股份有限公司
法律顧問	立勤國際法律事務所　黃沛聲律師
戶名	瑞昇文化事業股份有限公司
劃撥帳號	19598343
地址	新北市中和區景平路464巷2弄1-4號
電話	(02)2945-3191
傳真	(02)2945-3190
網址	www.rising-books.com.tw
Mail	deepblue@rising-books.com.tw
港澳總經銷	泛華發行代理有限公司
初版日期	2024年12月
定價	NT$350 / HK$109

ORIGINAL EDITION STAFF

ブックデザイン	釜内由紀江(GRiD)
	五十嵐奈央子(GRiD)
撮影	神林環(P.9〜45)、
	山下コウ太(P.2〜3、6〜7、P.46〜79)
スタイリング	諸橋昌子(P.9〜45)
調理アシスタント	井上律子(P.9〜45)
編集	斯波朝子(オフィスCuddle)

國家圖書館出版品預行編目資料

不需蛋＆乳製品 美味磅蛋糕、派塔、鹹派 /
今井洋子作；龔亭芬譯. -- 初版. -- 新北市：
瑞昇文化事業股份有限公司, 2024.12
　80面；　18.22x25.7公分
ISBN 978-986-401-788-1(平裝)

1.CST: 點心食譜

427.16　　　　　　　　　　113017167